À DESCOBERTA DO NEMAS

FLORBELA HENRIQUES / INÊS GOMES

LIDEL
Lidel – edições técnicas, lda

Edição e Distribuição
Lidel – Edições Técnicas, Lda.
Rua D. Estefânia, 183, r/c Dto. – 1049-057 Lisboa
Tel.: +351 213 511 448
lidel@lidel.pt
Projetos de edição: edicoesple@lidel.pt
www.lidel.pt

Livraria
Av. Praia da Vitória, 14 A – 1000-247 Lisboa
Tel.: +351 213 511 448
livraria@lidel.pt

ISBN edição impressa: 978-989-752-248-2
1.ª edição impressa: março 2017

Conceção de *layout* e paginação: Pedro Santos
Impressão e acabamento: Cafilesa – Soluções Gráficas, Lda. – Venda do Pinheiro
Depósito Legal: 423055/17

Capa: José Manuel Reis
Ilustrações: Francisco Gil Barros, Miguel da Silva Alho, Miguel Neves Alves

ÍNDICE

INTRODUÇÃO 5

PRAIA DA SÍLABA

1. AFUNDAR A REDE 15
2. A ESTRELA DA CARA-METADE 18
3. A ANÉMONA E O INTRUSO 25
4. OS TENTÁCULOS DO POLVO 32
5. O TUBARÃO ESFOMEADO 37

ATOL DA RIMA

1. AFUNDAR A REDE 49
2. A ESTRELA DA CARA-METADE 52
3. A ANÉMONA E O INTRUSO 59

MAR DO FONEMA

1. AFUNDAR A REDE 69
2. A ESTRELA DA CARA-METADE 72
3. A ANÉMONA E O INTRUSO 79
4. OS TENTÁCULOS DO POLVO 86
5. O TUBARÃO ESFOMEADO 91

SOLUÇÕES 99

AUTOCOLANTES

INTRODUÇÃO

Caríssimos Pais e Educadores,

A leitura e a escrita são competências fundamentais nos dias de hoje. O seu domínio pleno, ainda que não se reduza a ela, ancora-se no processo de alfabetização. Aprender a ler e a escrever é, no entanto, uma tarefa cognitiva complexa, muitas vezes atreita a dificuldades. À criança, é-lhe exigida a apropriação daquilo que os teóricos designam por princípio alfabético, isto é, o conhecimento de que as letras (ou grafemas) representam os sons da fala (os fonemas). Ora, tal exigência requer competências de abstração bem desenvolvidas, já que os fonemas são unidades mínimas sem significado.

Ser capaz de escrever as palavras *mil* ou *pá*, por exemplo, implica dividi-las nos seus sons individuais: */m/-/i/-/l/* vs. */p/-/a/*. Só percebendo que no primeiro caso há três sons (três fonemas) e no segundo caso há dois, a criança entenderá por que as palavras se escrevem com três e duas letras (grafemas), respetivamente. Compreender plenamente estas correspondências entre letras e sons implica ter a noção de que as palavras se decompõem em *pedacinhos* menores e ser capaz de os manipular. Chama-se **consciência fonológica** a esta habilidade.

A promoção precoce desta consciência aos sons da fala (mesmo antes da entrada na escola) assume-se fundamental para facilitar a aprendizagem da leitura e da escrita (e, prevenir, até, o insucesso escolar). Neste quadro, este livro *À Descoberta do Nemas* reúne um conjunto de atividades organizadas em níveis de complexidade crescente, que visam estimular a consciência fonológica. Estas atividades, em formato lúdico, encontram-se divididas em três grandes grupos orientados para unidades-alvo específicas: a sílaba, a rima e o fonema.

Em cada um dos grupos, a criança encontrará desafios diversos que vão desde identificar palavras com características idênticas (jogos *Afundar a Rede*, *A Estrela da Cara-Metade* e *A Anémona e o Intruso*) até segmentá-las (jogo *Tentáculos do Polvo*) e recuperar alguns dos seus constituintes (jogo *O Tubarão Esfomeado*). Em alguns destes jogos, a criança é ainda convidada a *falar baleiês*, treinando estas habilidades com palavras inventadas (pseudopalavras). Neste caso, e de modo a evitar que a criança se apoie na ortografia para selecionar a resposta correta (ao invés de se apoiar no som), sugere-se a realização dos exercícios com a ajuda de um adulto. A leitura em voz alta das pseudopalavras por parte deste, permitirá à criança focalizar a sua atenção nos respetivos sons e não nas letras.

Nas tarefas que envolvem consciência fonémica (que integram a unidade *Mar do Fonema*), e porque nem todos os seus utilizadores estão familiarizados com o sistema de transcrição fonética/fonológica, a referência aos sons da fala (delimitados por barras oblíquas, i. e., / /) foi efetuada com recurso ao alfabeto português, evitando-se, todavia, as ambiguidades nas correspondências entre fonemas e grafemas (por exemplo, na referência ao primeiro som da palavra *casa*, a letra utilizada foi /k/ já que em português a letra "c" pode também ser lida /s/; na referência às vogais "a, e, o", optou-se por colocar o acento gráfico para indicar se os sons respetivos são mais abertos, como em /á, é, ó/, ou mais fechados, /â, ê, ô/). Na interação com a criança, é fundamental que o adulto produza e incentive a produção do som das letras (como elas se leem) ao invés do seu nome. Por exemplo, na identificação dos 4 sons da palavra *dado*, deve pronunciar-se /d/ (lido "de" em vez do nome da letra "dê"), /á/ e /u/ (lido "u" em vez do nome da letra "ó").

As diferentes atividades aqui propostas têm como pano de fundo a história de um jovem cavalo-marinho – o Nemas – que se meteu em apuros quando decidiu ir à procura do "Tesouro das Palavras". Para poder ser salvo, é necessário que a criança – personagem principal desta história – "mergulhe" nesta aventura e ultrapasse com sucesso todos os "perigos" que o oceano lhe reserva. Para isso, deverá seguir o mapa mistério que se encontra na página 11 e colar os autocolantes respetivos (da rede, da estrela-do-mar, da anémona, do polvo e do tubarão) à medida que cada etapa for vencida. Em cada etapa do seu trajeto, a criança encontrará uma "pista poema" escrita pelo Nemas, dando instruções sobre o que fazer em cada jogo e convidando-a a colar autocolantes no espaço próprio (jogos *Afundar a Rede*, *A Estrela da Cara-Metade* e *A Anémona e o Intruso*), a pintar (jogo *Tentáculos do Polvo*) ou a unir itens (jogo *O Tubarão Esfomeado*). Ao chegar ao fim da sua missão ficará a saber o que significa o ponto de interrogação que se encontra no mapa mistério. Conseguirá a criança salvar o Nemas?

Sempre a brincar, procurar-se-á fomentar uma maior sensibilidade aos fo**nemas**. Esperamos que as vossas crianças se divirtam... à descoberta do Nemas.

Florbela Henriques e *Inês Gomes*

Olá! Eu sou o **Nemas**.
Sou muito curioso! Adoro brincar e fazer amigos.
Passo muito tempo a observar o brilho das conchas e das estrelas-do-mar.
Estou sempre a inventar novas brincadeiras e a explorar o mar,
mas tenho de ter especial atenção a alguns perigos...

A rede é terrível porque nos pode apanhar…
A estrela-do-mar é tão traquinas que está sempre a pregar partidas…
A anémona adora enganar… É preciso estar atento.

Já o polvo gosta de nos enredar com os seus tentáculos...
... mas o mais perigoso é o tubarão que está sempre a comer.

O Nemas está aflito! Vamos salvá-lo.
Tu vais ser o mergulhador principal desta aventura.
Segue o **Mapa Mistério** e... boa sorte!

MAPA MISTÉRIO
R
ATOL DA RIMA
F
MAR DO FONEMA
S
PRAIA DA SÍLABA

PRAIA DA SÍLABA

Para encontrarmos o Nemas precisamos de vencer a rede. Cuidado!
Não me vais conseguir vencer.

1. AFUNDAR A REDE

Afunda com autocolantes
A rede de malha fina;
Enche-a de coisas mirabolantes,
Mas cuidado, ela é traquina!

De tão traquina que é,
Só se deixa afundar
Se cada uma das palavras
Com a mesma sílaba começar.

Palavras começadas por...

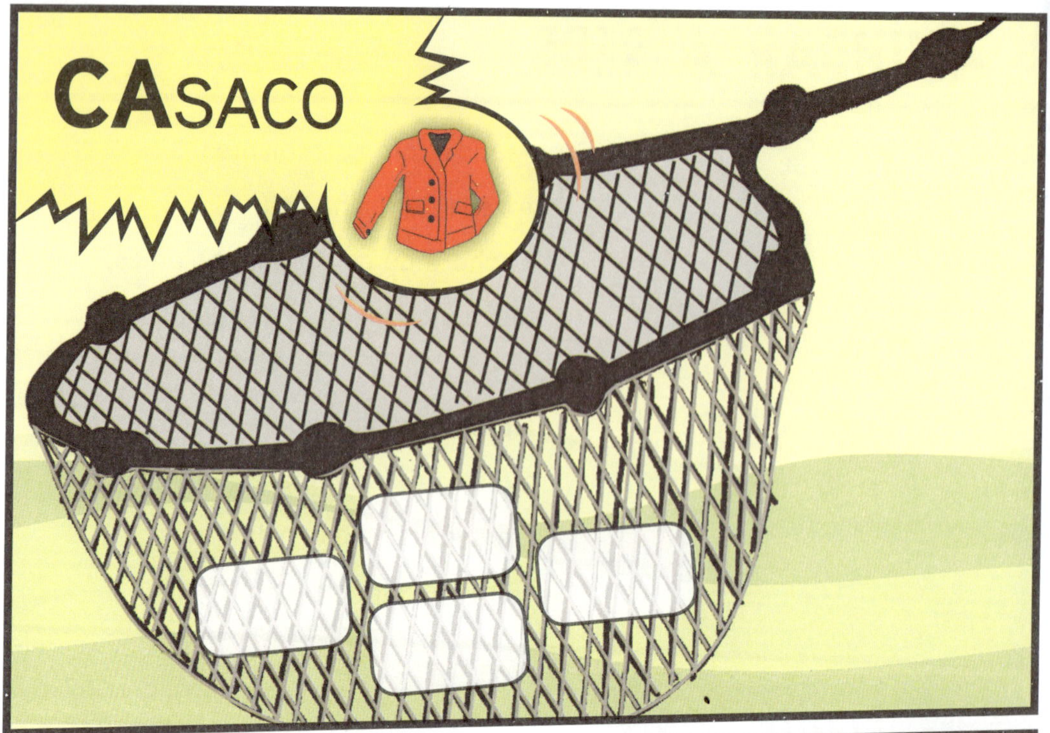
CASACO

ROCHA

Ufa! Vencemos a rede!
Já a podemos colar no mapa mistério.

Agora vamos ter de enfrentar a estrela-do-mar...
AH! AH! AH!
Isso é o que vamos ver!

2. A ESTRELA DA CARA-METADE

Para fugires das partidas
Da estrela-do-mar matreira,
Descobre qual das duas palavras
É cara-metade da primeira.

Para ser cara-metade,
Sílaba igual tem de ter.
Cola a estrela da verdade,
Só assim a vais vencer!

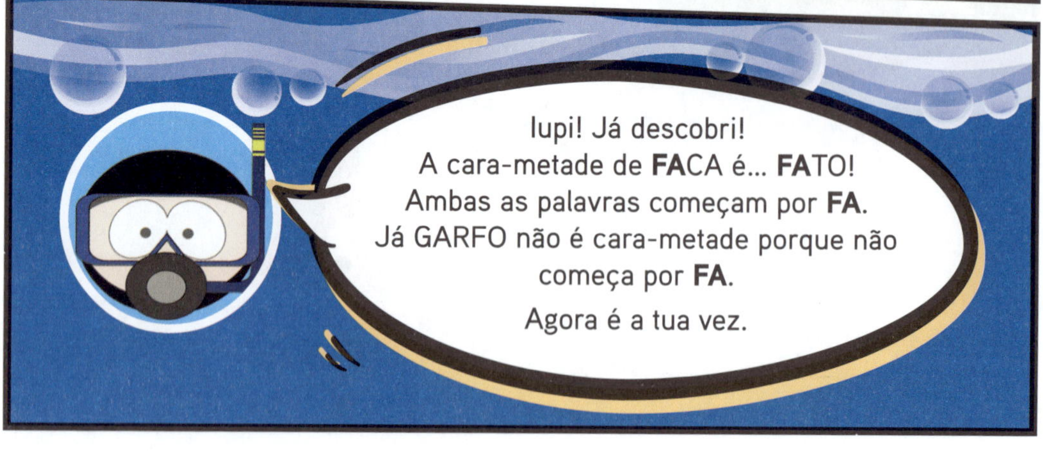

TIGRE
LEÃO
TIJOLO

CENOURA
CEGONHA
COUVE

CARTOLA
CARTEIRA
BONÉ

CANETA
LÁPIS
CAMISOLA

Vamos fazer o mesmo com a linguagem secreta do Nemas. Será que sabes falar *baleiês*?
Experimenta!

PANILA
PAFOLA
TANIPA

A cara-metade de **PA**NILA será... **PA**FOLA ou **TA**NIPA?
Sim, é **PA**FOLA pois também começa por **PA**.
Agora é a tua vez de brincares com o *baleiês*. Boa sorte!

SALO

CHAFO

SAZO

NETAL

NEPÃO

FONEL

RANICA

FATECA

RALOCA

TUXETA

TURACA

JETICO

Mais uma missão cumprida! Já podemos colar a estrela-do-mar no mapa mistério.

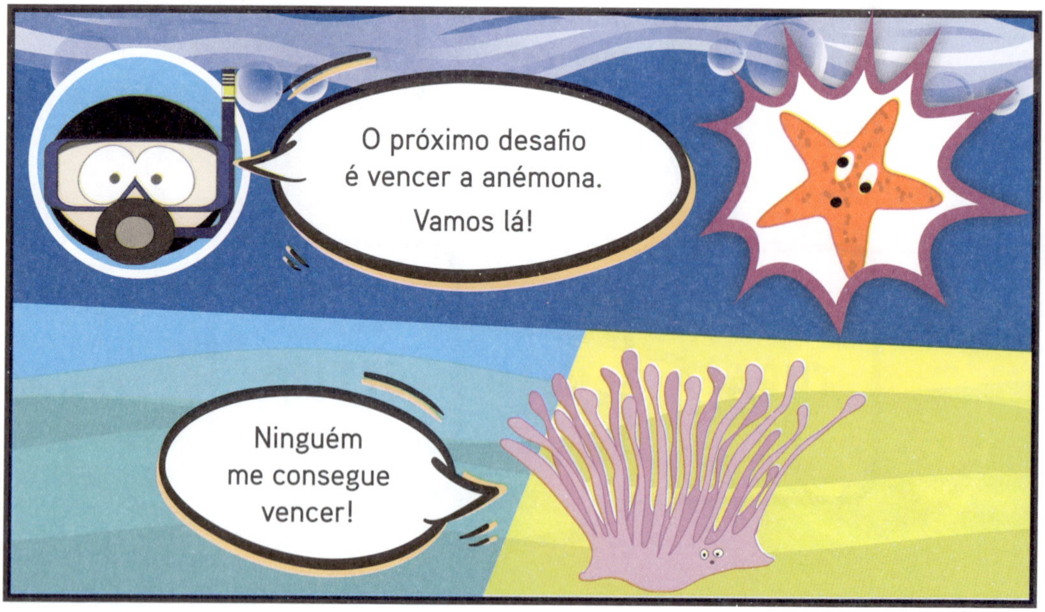
O próximo desafio é vencer a anémona. Vamos lá!
Ninguém me consegue vencer!

3. A ANÉMONA E O INTRUSO

Para enganar toda a gente,
A D. Anémona foi juntar
Uma palavra diferente,
Que vais ter de adivinhar.

Somente uma palavrinha
Não tem a primeira sílaba igual.
Cola a concha nesse intruso,
Será uma vitória triunfal!

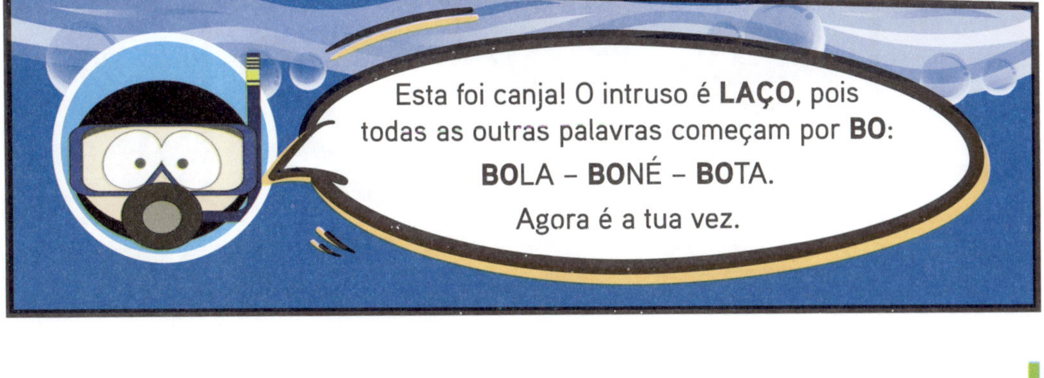

MALA
CHAVE
MAPA
MACA

COLA
COPO
ROSA
COBRA

PINCEL

PINGUIM

PINTOR

FAROL

FACA

MOTA

FADA

FAVA

Vamos fazer o mesmo com a linguagem secreta do Nemas. Será que ainda sabes falar *baleiês*?
RINO
RILA
RIDA
LARRA
O intruso é **LARRA**, pois todas as outras palavras começam por **RI**: **RI**NO – **RI**LA – **RI**DA.

TENCA

PINFA

TENZA

TENGO

VIMA

VIPA

VILO

PABO

JAGO

BANO

JAPA

JAFO

MANOR

XANAL

XAFEL

XAPIM

Bravo! Somos o máximo.
Vencemos a anémona.
Vamos colá-la no mapa mistério
e seguir em frente.

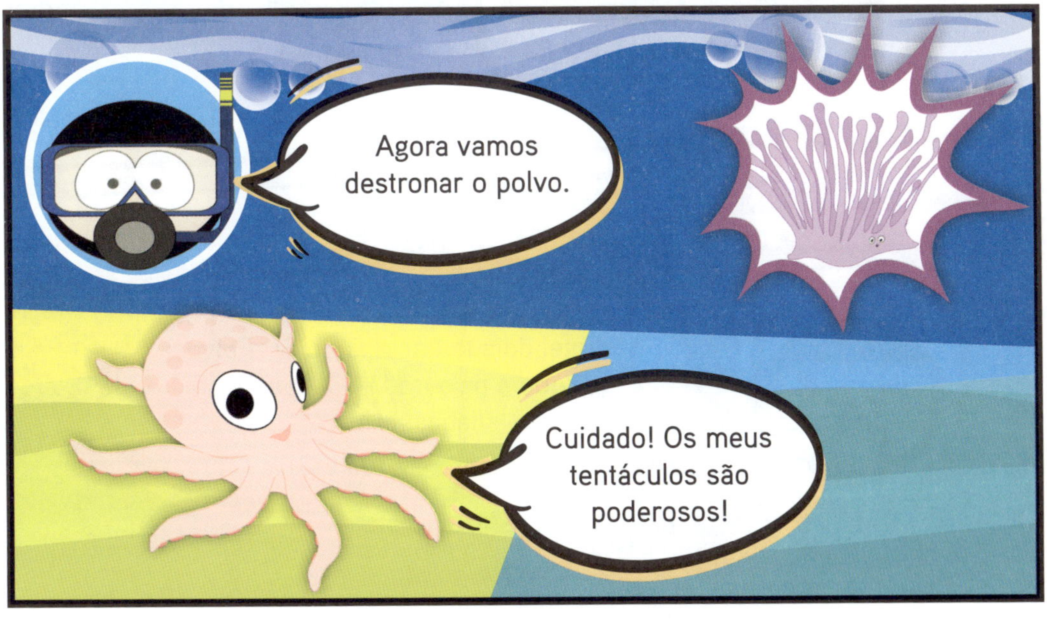
Agora vamos destronar o polvo.
Cuidado! Os meus tentáculos são poderosos!

4. OS TENTÁCULOS DO POLVO

No fundo do mar temeroso
O Sr. Polvo, vais encontrar.
Ele é muito perigoso,
E quer-te agarrar.

Tem ventosas nos tentáculos
Que tu vais ter de enfrentar.
Para cada sílaba da palavra
Um tentáculo deves pintar.

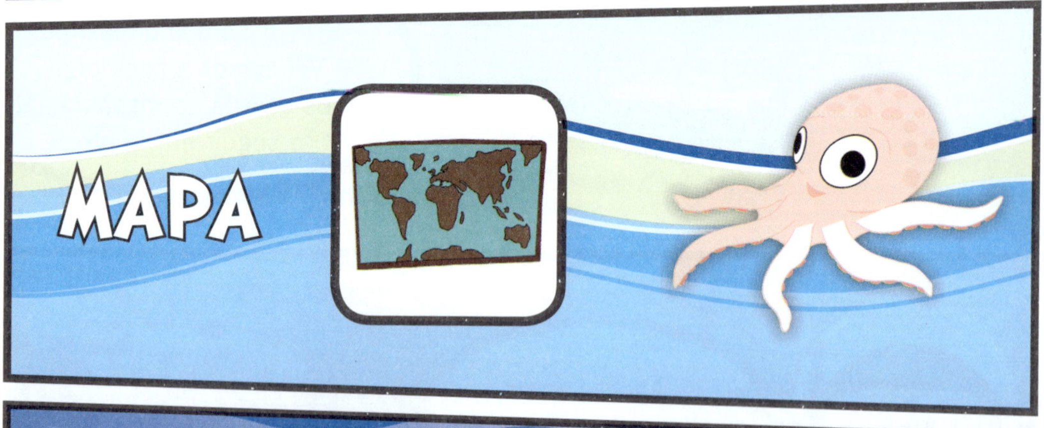

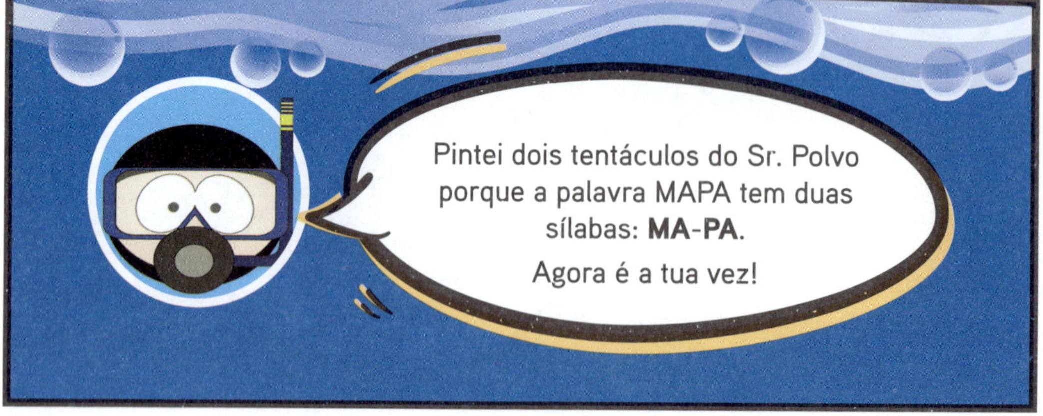

À DESCOBERTA DO NEMAS

PANELA

BEBÉ

CADEIRA

NARIZ

BORBOLETA

Vamos fazer o mesmo com a linguagem secreta do Nemas. Vamos continuar a praticar o *baleiês*.
GATOL
Pintei novamente dois tentáculos porque a palavra GATOL também tem duas sílabas: **GA-TOL**.

DACO

PATANICO

TACAMO

ALIPOLINHA

Superámos o polvo. Já o podemos colar no mapa mistério.

Para terminarmos a Praia da Sílaba só nos falta vencer o tubarão!
MUAHAHAHAHAHAH...

5. O TUBARÃO ESFOMEADO

Com dentes bem afiados,
Um tubarão à deriva
Espreita p'ra todos os lados
À procura de comida.

Não deixes que ele coma
As sílabas, coitadinhas!
Arranca-as da sua boca,
Une o que sobra com linhas.

LIMÃO

sem LI fica...

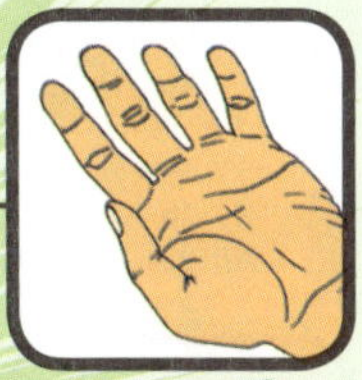

COLMEIA

sem COL fica...

SAPATO

sem SA fica...

TRIDENTE

sem TRI fica...

JIBOIA

sem JI fica...

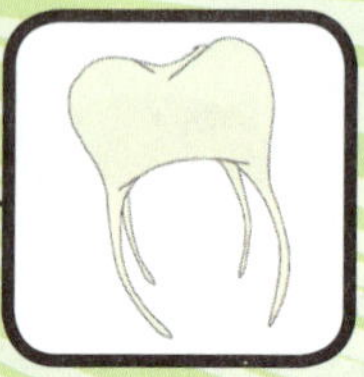

Também gosto muito da sílaba final! Especialmente com *ketchup*!
MELGA
sem GA fica...
A palavra **MELGA** é deliciosa!
Desta vez o tubarão trincou a sílaba final da palavra **MELGA**. Comeu a sílaba **GA** e, por isso, sobrou **MEL**.

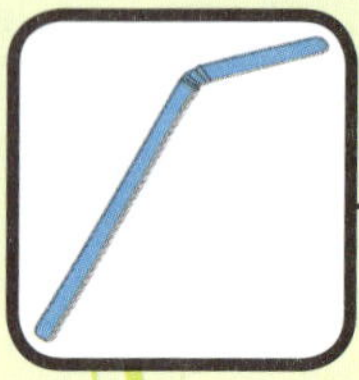

PALHA

sem LHA fica...

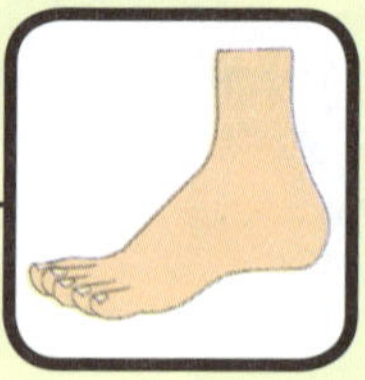

CHÁVENA

sem NA fica...

PEDRA

sem DRA fica...

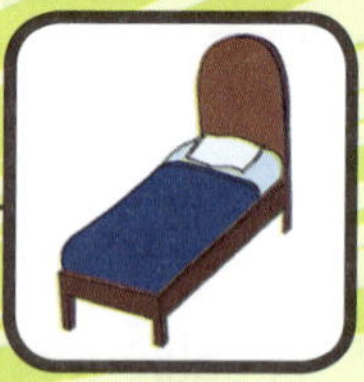

CÂMARA

sem RA fica...

Só me vais conseguir vencer se souberes *baleiês*!
LICA
sem LI fica...
CA
O tubarão atacou a palavra **LICA**. Comeu a sílaba **LI** e, por isso, sobrou **CA**.

TAZA	sem TA fica...	VÃO
DILOI	sem DI fica...	ZA
JENO	sem JE fica...	LOI
ROVÃO	sem RO fica...	NO

Também gosto muito da sílaba final! E como já sabes... fica ainda melhor com *ketchup*!
PACA
sem CA fica...
PA
A palavra PACA é muito estaladiça!
O tubarão atacou a palavra PACA. Comeu a sílaba CA e deixou PA.

LAFO	sem FO fica...		TE
TERA	sem RA fica...		CHO
CHOPA	sem PA fica...		RI
RILO	sem LO fica...		LA

Iupiiiiiiiiiiii!
O tubarão foi difícil, mas conseguimos! Vamos colá-lo no mapa mistério.

Eu apanho-te!...

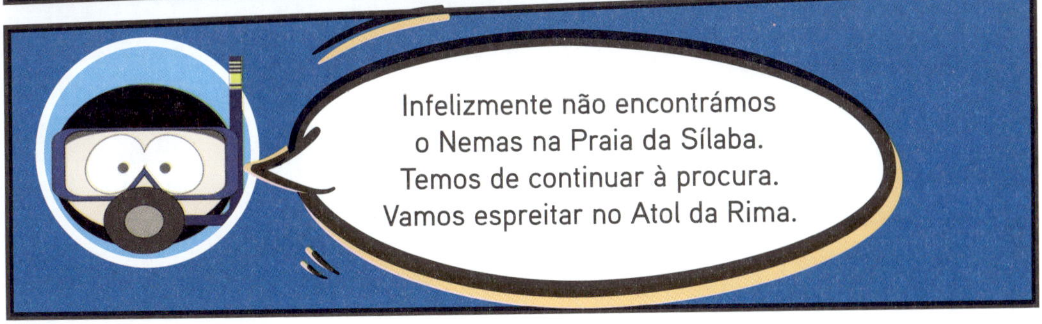
Infelizmente não encontrámos o Nemas na Praia da Sílaba. Temos de continuar à procura. Vamos espreitar no Atol da Rima.

ATOL DA RIMA

Também aqui no Atol da Rima temos de vencer a rede!
É desta que te apanho!

1. AFUNDAR A REDE

Afunda com autocolantes
A rede de malha fina;
Enche-a de coisas mirabolantes,
Mas cuidado, ela é traquina!

De tão traquina que é,
Só se deixa afundar
Se cada uma das palavras
Com a mesma rima terminar.

Palavras que rimam com...

CARACOL

CADEIRA

Ganhámos novamente à rede.
Vamos colá-la no Atol da Rima do mapa mistério.

A seguir temos a estrela-do-mar. Tu já a conheces!
Desta vez não vais conseguir!

2. A ESTRELA DA CARA-METADE

Para fugires das partidas
Da estrela-do-mar matreira,
Descobre qual das duas palavras
É cara-metade da primeira.

Para ser cara-metade,
Rima igual tem de ter.
Cola a estrela da verdade,
Só assim a vais vencer!

CHÁ
PÁ
CAFÉ

CÃO
ELEFANTE
AVIÃO

CARACOL
SOL
GAVIÃO

5
5€
€
5
NOTA
BOTA
2
Euro
MOEDA

Agora é a vez de falarmos baleiês! Vamos procurar as palavras que rimam.
DINHÃO
PANEL
TANHÃO
Já encontrei. A palavra que rima com DINHÃO é TANHÃO. Agora é a tua vez.

DOMI

CAMI

LECO

PIBEL

XADEI

CANEL

BALECA

BAPATE

PANECA

LORTA

RORTA

LETA

Derrotámos a estrela-do-mar. Já a podemos colar no mapa mistério.

Somos invencíveis! A anémona que se prepare...
Isso é o que tu pensas! Cuidado, podes ter uma surpresa!

3. A ANÉMONA E O INTRUSO

Para enganar toda a gente,
A D. Anémona foi juntar
Uma palavra diferente,
Que vais ter de adivinhar.

Somente uma palavrinha
Não tem a rima igual.
Cola a concha nesse intruso,
Será uma vitória triunfal!

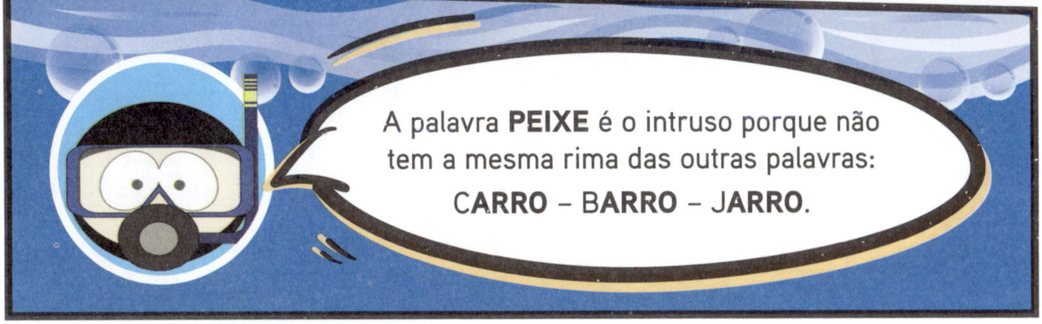

FONTE

PONTE

MONTE

LUPA

VELA

BOLO

TELA

SELA

MELÃO
BALÃO
COPO
LEÃO

GATO
FATO
CATO
PATA

Vamos fazer o mesmo com a linguagem secreta do Nemas. Vamos continuar a praticar o baleiês.
SAPAL
TINAL
PIGAR
XANAL
O intruso em SAPAL – TINAL – PIGAR – XANAL é PIGAR, pois termina de forma diferente. É a única que não termina em AL.

LECA

SICA

LICA

TICA

SORTA

LORTA

GARTA

FORTA

CANOI

SINEU

CAPEU

LIFEU

LANO

BANO

TANO

BONA

Mais um desafio superado! Vamos colar a anémona no mapa mistério.

Chegámos ao fim, e o Nemas não está no Atol da Rima. Vamos mergulhar agora no Mar do Fonema.

F

MAR DO FONEMA

Vejo novamente a rede. Ela quer apanhar-nos, mas não vai conseguir!
É desta vez que te vou pescar! À terceira é de vez!

1. AFUNDAR A REDE

Afunda com autocolantes
A rede de malha fina;
Enche-a de coisas mirabolantes,
Mas cuidado, ela é traquina!

De tão traquina que é,
Só se deixa afundar
Se cada uma das palavras
Com o mesmo som começar.

Palavras começadas por...

PACOTE

RIO

Já podemos colar a última rede no mapa mistério.

Furámos a rede com tantas palavras! Desta, ela não estava à espera! E com a estrela-do-mar vai ser a mesma coisa!
Isso não é bem assim! Eu já vos conheço!

2. A ESTRELA DA CARA-METADE

Para fugires das partidas
Da estrela-do-mar matreira,
Descobre qual das duas palavras
É cara-metade da primeira.

Para ser cara-metade,
O primeiro som igual tem de ter.
Cola a estrela da verdade,
Só assim a vais vencer!

FACA
FOCA
GARFO

VIOLA
VESTIDO
GUITARRA

TUBARÃO
TORRE
BALEIA

MAÇÃ
PERA
MOTA

Como sabes, o Nemas gosta muito de falar *baleiês*! Por isso, vamos continuar a treinar!
LANETA
JARECA
LIRACO
A cara-metade de **L**ANETA é **L**IRACO. Repara que ambas as palavras começam com o som **/l/**.
Agora é a tua vez.

ZETO

SATO

ZIMO

MANZO

MIFO

PUCO

DEJITO

RODEVO

DARIVO

BENISCO

BAROTO

VITAGO

O mapa mistério está quase a ficar completo. Já podemos colar a estrela-do-mar no Mar do Fonema.

E ela que pensava que nos vencia! Somos uma equipa extraordinária! Não há nada que nos pare, nem mesmo a anémona.
Desta vez vou ser implacável!

3. A ANÉMONA E O INTRUSO

Para enganar toda a gente,
A D. Anémona foi juntar
Uma palavra diferente,
Que vais ter de adivinhar.

Somente uma palavrinha
Não tem o primeiro som igual.
Cola a concha nesse intruso,
Será uma vitória triunfal!

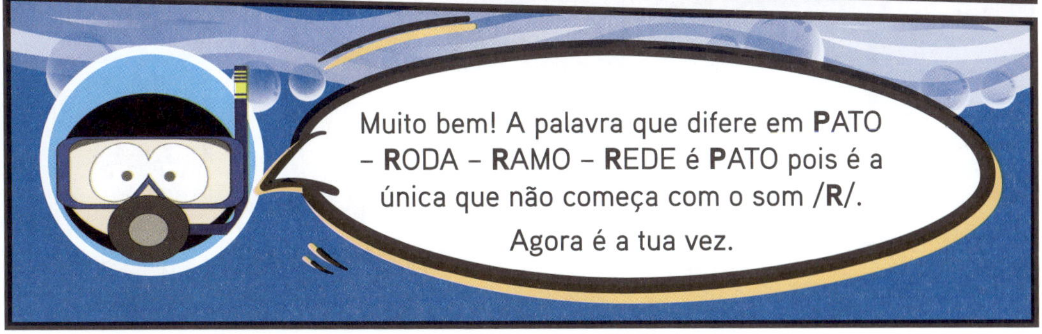

SAPO
SINO
LÁPIS
SERRA
DEDO
DADO
DENTE
PORTA

MOLA
PRATO
PLANTA
PEIXE

FLOR
FRUTA
FOCA
LIVRO

E agora vamos continuar, mas tens de usar a tua experiência com o *baleiês*!
LIPO
MESO
LAME
LURA
O intruso em **L**IPO – **M**ESO – **L**AME – **L**URA é **M**ESO pois é o único que não começa com o som **/l/**.

BEPA

TILO

TENGA

TANCO

JAGO

JINCO

ZOTA

JATIM

NODA

RINTA

NISPA

NENCA

PUÇA

PANTO

PERIL

LANUM

Anémona vencida! Agora é só colá-la no mapa mistério.

O Nemas também não está aqui com a anémona. Vamos mergulhar mais um pouco. Será que o polvo o prendeu com os seus tentáculos?
É a ti que te vou prender!

4. OS TENTÁCULOS DO POLVO

No fundo do mar temeroso
O Sr. Polvo, vais encontrar.
Ele é muito perigoso,
E quer-te agarrar.

Tem ventosas nos tentáculos
Que tu vais ter de enfrentar.
Para cada som da palavra
Um tentáculo deves pintar.

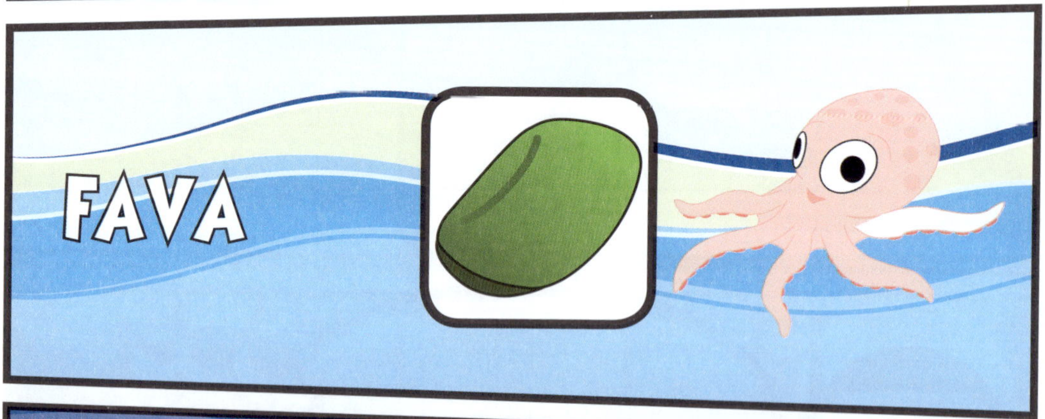

SERRA

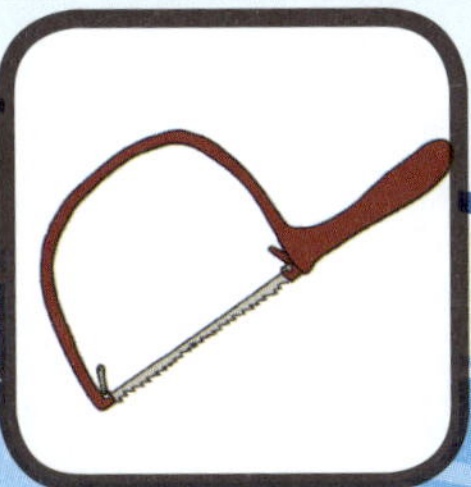

UVA

GALO

CHÁ

PALHA

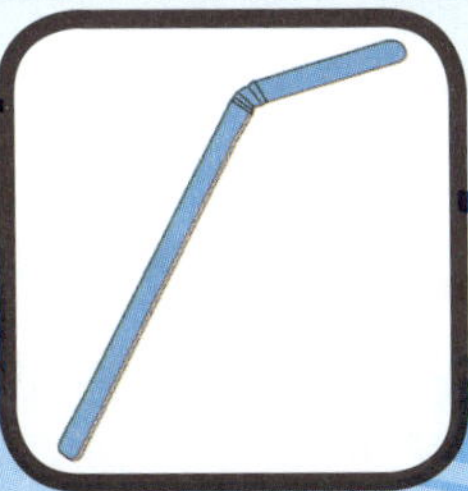

Vamos voltar ao *baleiês*. Boa sorte!
ZILO
Voltei a pintar quatro tentáculos porque a palavra **ZILO** tem quatro sons: **/z-i-l-u/**.

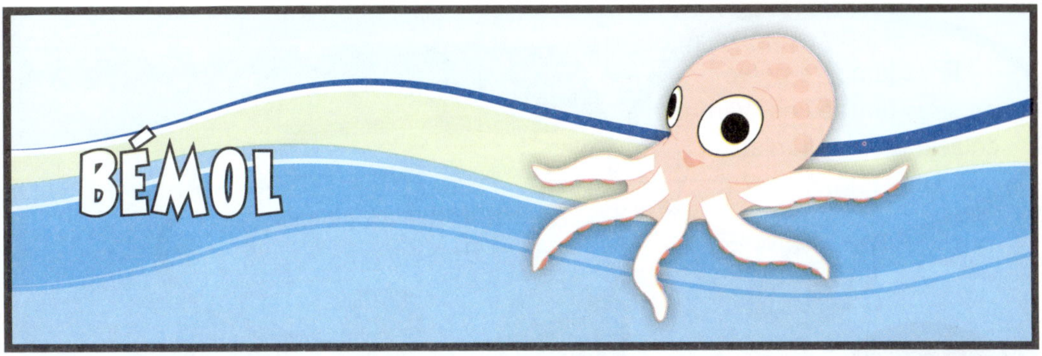
BÉMOL

JICA

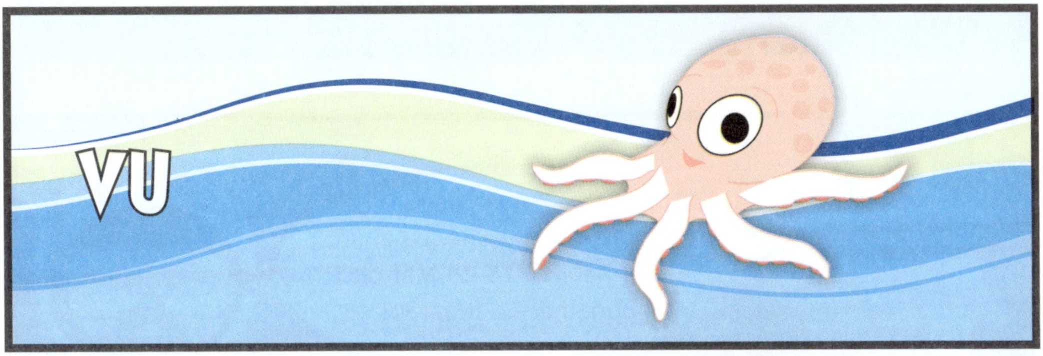
VU

SAR

Enredámos o polvo nos seus tentáculos. Vamos colá-lo no mapa mistério. Ufa, está quase!

Espera-nos o mais maléfico dos habitantes do Mar do Fonema – o tubarão!
Vou-te devorar!

5. O TUBARÃO ESFOMEADO

Com dentes bem afiados,
Um tubarão à deriva
Espreita p'ra todos os lados
À procura de comida.

Não deixes que ele coma
Os sons das palavras, coitadinhas!
Arranca-os da sua boca,
Une o que sobra com linhas.

CASA

sem /k/ fica...

STOP

sem /s/ fica...

CHUVA

sem /ch/ fica...

GAVIÃO

sem /g/ fica...

BARCA

sem /b/ fica...

Eu também gosto de comer palavras em *baleiês*! São muito crocantes!
TEKO
sem /t/ fica...
EKO
O tubarão atacou a palavra **TEKO**, mas apenas comeu o primeiro som – **/t/** – e, por isso, sobrou **EKO**.

LUDA

sem /l/ fica...

IPI

SORTA

sem /s/ fica...

OVO

ZOVO

sem /z/ fica...

ORTA

NIPI

sem /n/ fica...

UDA

Não acredito! Desta vez conseguiram vencer, mas hei de apanhar-vos!
Olha, está ali o Nemas. Ele está preso. Vamos libertá-lo! Já podemos colar o tubarão e o Nemas no mapa mistério. Chegámos ao fim da nossa missão!

Ufa! Obrigado, amiguinhos. Foi mesmo a tempo! Agora estou livre, já podemos brincar! O Femas vive aqui perto, vamos ter com ele!
Parabéns! Conseguiste chegar ao final da história. Mas as tarefas não acabam aqui. Há mais aventuras em *À Descoberta do Femas: atividades de consciência morfológica para facilitar a aprendizagem da leitura e da escrita*!
Olá Femas!
Que bom ver-te Nemas! Vamos brincar?

FIM

SOLUÇÕES

PRAIA DA SÍLABA (página 13)

1. **Afundar a Rede** (página 15)

BI: Biberão | Binóculos | Bigode | Bicicleta
CA: Caneca | Casota | Caracol | Cadeira
RO: Rosa | Roda | Robô | Roca

2. **A Estrela da Cara-Metade** (página 18)

Tigre – Tijolo | Cenoura – Cegonha | Cartola – Carteira | Caneta – Camisola
Salo – Sazo | Netal – Nepão | Ranica – Raloca | Tuxeta – Turaca

3. **A Anémona e o Intruso** (página 25)

Chave | Rosa | Farol | Mota
Pinfa | Pabo | Bano | Manor

4. **Os Tentáculos do Polvo** (página 32)

Pa-ne-la – pintar 3 tentáculos | Be-bé – 2 tentáculos | Ca-dei-ra – 3 tentáculos | Na-riz – 2 tentáculos | Bor-bo-le-ta – 4 tentáculos
Da-co – pintar 2 tentáculos | Pa-ta-ni-co – 4 tentáculos | Ta-ca-mo – 3 tentáculos | A-li-po-li-nha – 5 tentáculos

5. **O Tubarão Esfomeado** (página 37)

Colmeia – Meia | Sapato – Pato | Tridente – Dente | Jiboia – Boia
Palha – Pá | Chávena – Chave | Pedra – Pé | Câmara – Cama
Taza – Za | Diloi – Loi | Jeno – No | Rovão – Vão
Lafo – La | Tera – Te | Chopa – Cho | Rilo – Ri

ATOL DA RIMA (página 47)

1. **Afundar a Rede** (página 49)

ÃO: Cão | Garrafão | Casarão | Melão
OL: Farol | Sol | Lençol | Anzol
EIRA: Bandeira | Torneira | Carteira | Fogueira

2. **A Estrela da Cara-Metade** (página 52)

Chá – Pá | Cão – Avião | Caracol – Sol | Nota – Bota
Domi – Cami | Pibel – Canel | Baleca – Paneca | Lorta – Rorta

3. **A Anémona e o Intruso** (página 59)

Lupa | Bolo | Copo | Pata
Leca | Garta | Canoi | Bona

MAR DO FONEMA (página 67)

1. **Afundar a Rede** (página 69)

A: Abelha | Avental | Avião | Anel
P: Pera | Porco | Pincel | Panela
R: Relógio | Rato | Rolo | Rapaz

2. **A Estrela da Cara-Metade** (página 72)

Faca – Foca | Viola – Vestido | Tubarão – Torre | Maçã – Mota
Zeto – Zimo | Manzo – Mifo | Dejito – Darivo | Benisco – Baroto

3. **A Anémona e o Intruso** (página 79)

Lápis | Porta | Mola | Livro
Bepa | Zota | Rinta | Lanum

4. **Os Tentáculos do Polvo** (página 86)

/s-é-rr-â/ – pintar 4 tentáculos | /u-v-â/ – 3 tentáculos | /g-á-l-u/ – 4 tentáculos | /ch-á/ – 2 tentáculos | /p-á-lh-â/ – 4 tentáculos
/b-é-m-ó-l/ – pintar 5 tentáculos | /j-i-k-â/ – 4 tentáculos | /v-u/ – 2 tentáculos | /s-á-r/ – 3 tentáculos

5. **O Tubarão Esfomeado** (página 91)

Stop – Top | Chuva – Uva | Gavião – Avião | Barca – Arca
Luda – Uda | Sorta – Orta | Zovo – Ovo | Nipi – Ipi

MAPA MISTÉRIO

PRAIA DA SÍLABA

1. AFUNDAR A REDE

2. A ESTRELA DA CARA-METADE

3. A ANÉMONA E O INTRUSO

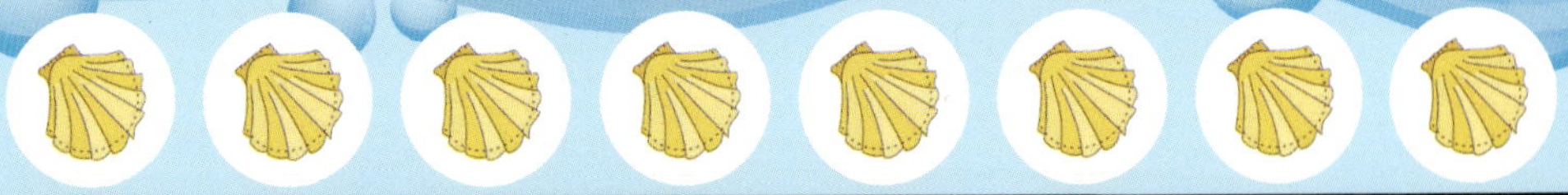

ATOL DA RIMA

1. AFUNDAR A REDE

2. A ESTRELA DA CARA-METADE

3. A ANÉMONA E O INTRUSO

MAR DO FONEMA

1. AFUNDAR A REDE

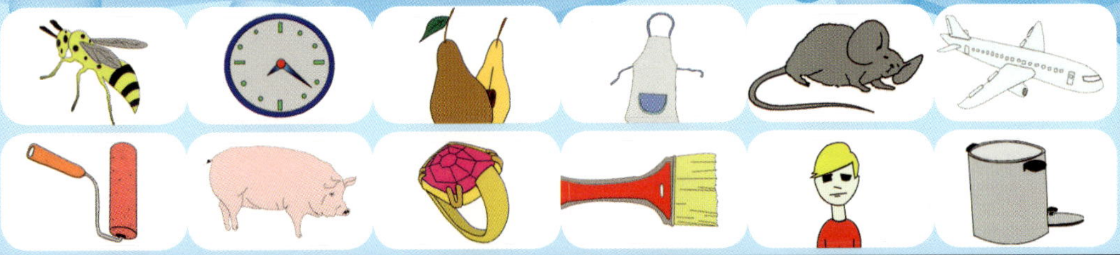

2. A ESTRELA DA CARA-METADE

3. A ANÉMONA E O INTRUSO